# BEI GRIN MACHT SICH IHR
# WISSEN BEZAHLT

- Wir veröffentlichen Ihre Hausarbeit,
  Bachelor- und Masterarbeit

- Ihr eigenes eBook und Buch -
  weltweit in allen wichtigen Shops

- Verdienen Sie an jedem Verkauf

Jetzt bei www.GRIN.com hochladen
und kostenlos publizieren

**Meike Knop**

# Agrarreformen in Lateinamerika

GRIN Verlag

**Bibliografische Information der Deutschen Nationalbibliothek:**

Die Deutsche Bibliothek verzeichnet diese Publikation in der Deutschen National-
bibliografie; detaillierte bibliografische Daten sind im Internet über http://dnb.d-
nb.de/ abrufbar.

**Impressum:**

Copyright © 2003 GRIN Verlag GmbH
Druck und Bindung: Books on Demand GmbH, Norderstedt Germany
ISBN: 978-3-640-43519-7

**Dieses Buch bei GRIN:**

http://www.grin.com/de/e-book/136283/agrarreformen-in-lateinamerika

**GRIN - Your knowledge has value**

Der GRIN Verlag publiziert seit 1998 wissenschaftliche Arbeiten von Studenten, Hochschullehrern und anderen Akademikern als eBook und gedrucktes Buch. Die Verlagswebsite www.grin.com ist die ideale Plattform zur Veröffentlichung von Hausarbeiten, Abschlussarbeiten, wissenschaftlichen Aufsätzen, Dissertationen und Fachbüchern.

**Besuchen Sie uns im Internet:**

http://www.grin.com/

http://www.facebook.com/grincom

http://www.twitter.com/grin_com

# 1 Einleitung

Zwar spielen in Lateinamerika traditionell Städte eine wichtige Rolle, trotzdem handelt es sich aber bei der Bevölkerung um eine bis ins 20. Jahrhundert agrarische geprägte Gesellschaft. Nach dem zweiten Weltkrieg lebten noch zwei Drittel aller Einwohner auf dem Land und dadurch bedingt wirkten sich Konflikte im Agrarsektor auch auf die gesamtgesellschaftliche und politische Ebene aus. Heute lebt – aufgrund der Verstädterung und Industrialisierung – nur noch ein Drittel der Bevölkerung auf dem Land, trotzdem spielt die Landwirtschaft noch immer eine große Rolle, sowohl im wirtschaftlichen, als auch im sozialen Sektor. Aufgrund der immer noch vorherrschenden sozialen Disparitäten und auch in Anbetracht des hohen Bevölkerungswachstums sowie den ökologischen Folgen der enormen Tropenwaldvernichtung ist eine Reform, die diesen Problematiken entgegenwirkt, längst nötig geworden, wenn nicht schon als überfällig anzusehen (vgl. WALDMANN 1990, S.24ff).

# 2 Landesüberblick

## 2.1 Allgemeine Daten und naturräumliche Voraussetzungen

Lateinamerika setzt sich zusammen aus den Staaten Mittel- und Südamerikas und hat einen Flächenanteil an der gesamten Fläche der Welt von 15,1%. Die Bevölkerung betrug 1996 rund 486 Mio., das sind 8,4 % der Weltbevölkerung. Aufgrund der Industrialisierung steigt auch die Verstädterungsquote immer höher, sie lag 1990 bei 64 %, das Bevölkerungswachstum bei 2,7 %. Die naturräumlichen Vorraussetzungen sind natürlich sehr unterschiedlich auf so einer großen Fläche, da sie für die Problematik an sich in differenzierter Form nicht ausschlaggebend sind, werden sie an dieser Stelle auch nicht im Einzelnen aufgezählt. Zu erwähnen ist aber, dass sich die Staaten nicht einfach in Klimazonen gliedern, wie sie von Mexiko im Norden bis nach Argentiniens Kap Hoorn im Süden vorkommen, sondern dass auch hier einige andere Faktoren, wie die Streichrichtung der Kodillieren und der Meeresströme, Einfluss nehmen (vgl. WALDMANN 1990, Tab.1).

Da es sich natürlich um sehr viele verschiedene Staaten mit unterschiedlichen Regierungsformen, naturräumlichen Ausstattungen und sonstigen Merkmalen handelt, fällt es schwer, von Lateinamerika als Ganzem zu sprechen. Nur aufgrund der ähnlich gelagerten Probleme im Agrarsektor und bei der Durchführung von Agrarreformen ist dies überhaupt möglich.

## 2.2 Geschichtliche Entwicklung des Agrarsektors

Die Geschichte des Agrarsektors in Lateinamerika begann mit der Kolonialisierung und der damit verbundenen Ausbeutung durch die iberischen Völker. Um sich die Einwohner untertan zu machen und gleichzeitig die Ressourcen auszubeuten, erhielten die Einwohner ein Stück Land zur eigenen Bewirtschaftung und mussten zudem auf dem Land der Kolonialherren arbeiten, um die begehrten Exportprodukte wie Kaffee, Kakao, Tabak oder Baumwolle zu produzieren. Zwar änderten sich die Herrscher, nicht aber die Machtverhältnisse, und so entstanden aus den von den Kolonialherren eingeführten Abhängigkeitsverhältnissen die unten genauer beschriebenen Haciendas als Form der Bodenbewirtschaftung in Lateinamerika (vgl. HEIMPEL 1983, S.268).

# 3 Landaufteilung und ländliche Bevölkerung

## 3.1 Minifundien

Die Minifundien stellen Kleinstbesitze in der Grö?e von 0 bis 10 ha dar, wobei allerdings die meisten der lateinamerikanischen Minifundien über eine Grö?e von 2 ha nicht hinauswachsen. Zwar überwiegt die Anzahl der Minifundien ganz eindeutig über die der Latifundien, haben aber an der gesamtbewirtschafteten Fläche nur einen geringen Anteil. So stellen die Minifundien zwar 2/3 aller bäuerlichen Grundbesitze dar, ihr Anteil an der gesamten bewirtschafteten Fläche jedoch beträgt nur mehr 15 %. Dieser enorme Gegensatz der Eigentumskonzentration wird weiter gefördert durch die auch heutzutage meist noch gültige Realteilung. So wird die Minifundie gleichmäßig unter den Erben aufgeteilt und somit weiter verkleinert. Wirtschaftlich kennzeichnen sich Minifundien dadurch, dass sie wenig Eigenkapital aufweisen und die Bauern meist auch nur unzureichende landwirtschaftliche Kenntnisse besitzen. Zudem besteht auch noch eine ablehnende Haltung gegenüber moderner Technologien zur Landbewirtschaftung. Der Hauptteil der Produktion dient der Selbstversorgung, Überschüsse werden auf dem lokalen Markt verkauft. Da jedoch die Parzellen meist zu klein und die Erträge zu niedrig sind, arbeiten viele Kleinbauern nebenbei noch zusätzlich als Landarbeiter auf Haciendas oder Plantagen, was eine hohe Mobilität voraussetzt (vgl. WALDMANN 1990, S.27).

## 3.2 Latifundien

In Lateinamerika findet man drei Arten des Großgrundbesitzes: die traditionelle Hacienda, die exportorientierten Plantagen und einige Mischformen, die Viehestancias.

Die Latifundien nehmen ca. 85 % der gesamtbewirtschafteten Fläche ein, gehören aber lediglich einem Drittel der Landbesitzer. Von Latifundien spricht man ab einer Flächengröße von mehr als 100 ha, meist sind es wesentlich größere Grundstücke, Flächen mit über 1 Mio. ha sind keine Seltenheit. Zudem haben diese mittleren und großen Betriebe nicht nur die besten Böden, sondern auch einen leichteren Zugang zu Krediten und meist erheblichen politischen Einfluss. Sie sind zumeist eng verbunden mit der Industrie und dem Handel, da sie durchaus Einfluss auch auf die Absatzmärkte und -möglichkeiten ihrer Waren haben. Aus sozialer Sicht sind Latifundien ungerecht und unter Produktivitätsgesichtspunkten unbefriedigend, da die Besitzer wirtschaftlich nicht von einer Produktivitätssteigerung abhängig sind (vgl. WALDMANN 1990, S.26).

### 3.2.1 Haciendas

Die traditionellen Haciendas haben ihre Wurzeln in der Kolonialzeit, sie stellen eine autarke Einheit dar, in der alles und jeder vom Großgrundbesitzer, dem Patrón, abhängig ist. Den Besitzern dienen die Haciendas in erster Linie als System zur Sicherung des Monopols an Boden, Prestige und politischer Macht, die Produktivität ist zweitrangig. Nur bei geringer Bodenfruchtbarkeit oder bei bestimmter Intensivkultur (z.B. Schafzucht im Hochland Boliviens) ist diese Art der Bodenbewirtschaftung ökonomisch. Oft stellt die Hacienda auch das soziale Zentrum, da viele Patróns Kirchen und Kaufläden auf ihrem Grundstück bauen. Der Patrón selbst lebt meist nicht hier, sondern in der Stadt, sämtliche Aufgaben vor Ort übernimmt der von ihm eingesetzte Verwalter. Die abhängigen Bauern, Colonos genannt, erhalten von ihm eine Parzelle, die sie zur Subsistenzwirtschaft nutzen, als Gegenleistung arbeiten sie 3 bis 5 Tage in der Woche auf den Ländern des Patrón. Die Haciendas dienen so meist der Selbstversorgung und beliefern den lokalen Markt, sind aber nicht auf den internationalen Export ausgerichtet. Solche traditionellen Haciendas findet man meist in Mexiko, Chile und Peru (vgl. HEIMPEL 1983, S.268f); Zweitbeleg: (vgl. WALDMANN 1990, S. 26f ).

### 3.2.2 Plantagen

Die Plantagenwirtschaft stellt eine exportorientierte, landwirtschaftliche Unternehmensform dar, man findet sie meist in den feuchtheißen Küstenzonen in Brasilien, Ecuador und Peru, sowie in allen mittelamerikanischen Staaten. Aufgrund der Ausrichtung auf den Export und der damit verbundenen technologischen Entwicklung bedarf eine Plantage beträchtlicher Investitionen, die nicht selten mit ausländischem Kapital vorgenommen werden. Hier spielen die multinationalen Konzerne (z. B. der weltweit größte Obstexporteur 'United Brands') eine große Rolle, sie vereinigen wirtschaftliches Machtpotential, da sie länderübergreifend agieren und in der Forschung den anderen Betrieben voraus sind, in einigen Ländern halten sie eine Monopolstellung. Die häufigsten Anbauprodukte sind Zuckerrohr, Baumwolle, Kakao, Kaffee und Bananen, einige Länder – insbesondere in Mittelamerika- sind heute durch diese Großkonzerne und deren Auswirkungen (Infrastruktur etc.) deutlich geprägt. Auf der Plantage findet man keine Colonos, hier werden nur Tagelöhner beschäftigt, die morgens per LKW abgeholt und meist am gleichen Abend bezahlt werden. Außerdem herrscht eine wesentlich rigorosere Arbeitsdisziplin vor, bis ins 19. Jhdt. wurden noch Sklaven beschäftigt (vgl. WALDMANN 1990, S. 27).

### 3.2.3 Viehestancias

Die Viehestancias sind eine Mischform aus Plantage und Hacienda und – wie aus dem Namen bereits erkennbar- auf Viehhaltung spezialisiert. Hier wird entweder Rinderhaltung in extensiver Form auf natürlichem Grasland betrieben, oder man findet hochspezialisierte Mastbetriebe auf Kunstweiden in der Nähe einer Stadt, wobei sich dann auch gleich milchverarbeitende Industrie ansiedelt (vgl. WALDMANN 1990, S. 27).

### 3.3 Mittelgrosse Betriebe

Betriebe mit einer Fläche von 10 bis 100 ha werden als mittelgroß bezeichnet, sie spielen allerdings in Lateinamerika keine große Rolle. Meist findet man sie in Argentinien, Chile und Brasilien, wo sie ab der 2. Hälfte des 19. Jahrhunderts von europäischen Einwanderern gegründet wurden. Diese Betriebe sollten besonders gestärkt und unterstützt werden, sind sie doch nachgewiesenermaßen – meist als Familienbetrieb geführt- überdurchschnittlich produktiv, was daraus resultiert, dass der Erfolg alleine von Tüchtigkeit abhängt. Man muss aber auch hier noch zwei Typen von Betrieben unterscheiden, da es einige gibt, die neuen Technologien gegenüber sehr aufgeschlossen sind und heute gefestigte Unternehmen darstellen, während andere den Anschluss an die Technologie verpasst haben und nun vom sozialen Abstieg bedroht sind (vgl. WALDMANN 1990, S.26f).

### 3.4 Pachtverhältnisse

So wie auf den Haciendas, sind in Lateinamerika Pachtverhältnisse weit verbreitet, allerdings dienen sie anderen Zwecken als Pachtverhältnisse in europäischen Regionen. In erster Linie ist die Pacht in Entwicklungsländern ein Weg, auf dem der Grundeigentümer unter Ausnutzung der sozialökonomischen Gegebenheiten ein arbeitsloses Einkommen erzielt. Meist gelten die – überwiegend mündlich geregelten- Pachtverträge nur für ein Jahr, was sich für den Pächter als sehr unvorteilhaft erweist, ist er doch in dieser kurzen Zeit nicht in der Lage, den Boden zu regenerieren. Als Folge daraus werden die Böden möglichst extensiv ausgebeutet, da der Pächter jederzeit befürchten muss, von dem Land vertrieben zu werden (vgl. WALDMANN 1990, S. 26f).

Es gibt drei vorrangige Arten des Pachtverhältnisses in Lateinamerika:

### 3.4.1 Colonaje

Hierbei handelt es sich um das bereits im Rahmen der Haciendaerklärung beschriebene Nutzungsrecht eines Stück Landes gegen Arbeitsleistung.

### 3.4.2 Aparceria

Die Aparceria ist die traditionelle Art der Verpachtung, wobei dem Pächter ein Stück Land gegen Naturalien ( meist handelt es sich dabei um die Hälfte der Ernte ) überlassen wird.

### 3.4.3 Arrendaminento

Dieses Pachtverhältnis ähnelt der Aparceria, allerdings müssen keine Naturalien, sondern ein Pachtzins bezahlt werden.

### 3.4.3 Lohnarbeiter / Tagelöhner

In Brasilien werden diese Wanderarbeiter auch `Boias Frias´ (Kalte Teller) genannt, da sie morgens von LKW eingesammelt werden und den ganzen Tag auf den Plantagen verbringen, ohne eine warme Mahlzeit zu sich nehmen zu können. Auch Kinder arbeiten hier mit, die Arbeit wird im Akkord bezahlt und ist sehr anstrengend. Teilweise werden die Arbeiter mit Gutscheinen entlohnt, die sie nur in den überteuerten Läden des Patrón einlösen können (vgl. WALDMANN 1990, S. 26 f).

## 4 Agrarstruktur Lateinamerikas heute

### 4.1 Struktur des Agrarsektors und Wirtschaftsdaten

Die Agrarstruktur Lateinamerikas ist gekennzeichnet durch strukturelle Inhomogenität, so stehen küstennahe Aktivbereiche den weiten Passivräumen im Hinterland gegenüber. Die auf Subsistenzwirtschaft ausgerichteten Kleinstparzellen auf der einen und die riesigen Güter, die auf das Agrobusiness spezialisiert sind, auf der anderen Seite. Die rückständigen Eigentumsverhältnisse und die enorme Bodenkonzentration bergen nicht nur wirtschaftliche, sondern auch soziale Probleme. So ist die Bedeutungsabnahme der Landwirtschaft nicht nur durch die allgemeine volkswirtschaftliche Entwicklung zu erklären, sondern zudem auch durch spezielle Probleme Lateinamerikas. Dazu gehört die Tatsache, dass das Durchschnittseinkommen auf dem Land wesentlich unter dem in der Stadt liegt, zudem ist der Sozialdienst auf dem Land erheblich schlechter und aufgrund fehlender Schulen gibt es überdurchschnittlich viele Analphabeten. Der einzige Vorteil auf dem Land scheint die Ernährungslage zu sein (vgl. WALDMANN 1990, S. 24ff).

### 4.2 Anbauprodukte, Export, Entwicklungen

Allgemein ist zu sagen, dass sich seit 1976 der kapitalistische Einfluss im Agrarsektor verstärkt hat. Waren bis dahin ausländische Betriebe hauptsächlich bestrebt, Boden aufzukaufen, so begann ab diesem Jahr die vertikale Integration in Form von Intensivierung und Internationalisierung. Produktionskontrollen, chemische und technische Entwicklungen sowie Absatzinstrumente wurden eingesetzt, so dass Riesenprofite für internationale Konzerne entstanden. Etliche Latifundien entwickelten sich zu kapitalistischen Grossbetrieben und zeitgleich wurden kleine und mittlere Betriebe zerstört, das Landproletariat nahm ständig zu.

Die Kapitalinvestitionen wurden einseitig auf Exportkulturen konzentriert, von denen hier nun einige mit ihrem Anteil am Weltmarkt vorgestellt werden sollen (vgl. BREUER 1990, S.42ff):

KAFFEE trägt den größten Anteil der Weltproduktion, alleine schon durch die Tatsache, dass es sich bei Brasilien um den größten Kaffeeproduzenten der Welt handelt. In Konkurrenz zum brasilianischen Tieflandkaffee tritt in letzter Zeit vermehrt der Hochlandkaffee, der sich durch bessere Sorten und mehr Nachfrage auszeichnet.

KAKAO wird ebenfalls schwerpunktmäßig als Edelkakao in Brasilien gewonnen, insgesamt hält Lateinamerika damit 35% an der Weltproduktion von Kakao.

Auch beim ZUCKER, der hauptsächlich in Brasilien und auf Kuba gewonnen wird, stellt Lateinamerika rund 30% Anteil an der Weltproduktion.

Noch höher ist allerdings die Quote bei BANANEN, hier kommen ca. 50 % aus Lateinamerika, einige Staaten, wie Panama, Honduras und Costa Rica wurden zu Bananenrepubliken monostrukturell ausgerichtet und somit ökonomisch deformiert. Um die Macht der multinationalen Konzerne in diesem Bereich einzuschränken, schlossen sich 1974 die bananenexportierenden Länder zusammen.

ZITRUSFRÜCHTE sind ebenfalls ein wichtiges Exportprodukt, schließlich kommt immerhin 1/ 3 der Weltproduktion aus Lateinamerika, hierbei handelt es sich zumeist um Orangen. Abschließend sind noch Baumwolle und Tabak als wichtige Anbauprodukte für den Export zu nennen. Zudem erlangte in letzter Zeit auch der Export von Obst und Gemüse – insbesondere Erdbeeren und Tomaten- zunehmend an Bedeutung.

Die VIEHHALTUNG, insbesondere Rinder, konnte von 1981 bis 1986 einen Anstieg von 10% verzeichnen, allerdings sind die Werte je Einwohner im gleichen Zeitraum um 4% gesunken, mit ungünstigen Folgen für die Ernährungslage. Riesige Steppen und Savannen fördern die Nutzung als extensives Weideland, nur die Mastrindproduktion in der Pampa ist weltmarktorientiert und erfolgt intensiv, oft wird hier auch Milchviehhaltung betrieben. Im Amazonasgebiet wurden bereits große Weiden erschlossen, die allerdings mit gravierenden ökologischen Problemen (Erosion) zu kämpfen haben. Insgesamt produziert Lateinamerika ¼ der Weltproduktion an Rindfleisch, 1/3 an Pferden und 10% an Schweinen.

Beim Anbau für den eigenen Verbrauch spielt Getreide (hauptsächlich Weizen, Mais und Reis ) eine große Rolle, nimmt es doch den höchsten Anteil am gesamten Produktionsumfang in der Landwirtschaft Lateinamerikas ein und stellt auch gleichzeitig für den grössten Bevölkerungsteil das Hauptnahrungsmittel. Die Hektarerträge bleiben allerdings weit unter dem durchschnittlichen Weltniveau, so lag zum Beispiel der Hektarertrag für Getreide mit 20,5 dt. deutlich unter z.b. dem der Niederlande mit 75,0 dt. Das ist auch der Grund für die Getreideimporte aus den USA, um die Bevölkerung mit Grundnahrungsmitteln versorgen zu können. Außer dem Getreide werden noch zahlreiche Knollenfrüchte, wie Maniok, Kartoffeln und Bohnen angebaut (vgl. BREUER 1990, S.44ff).

### 4.3 Wirtschaftliche Probleme

Das größte wirtschaftliche Problem Lateinamerikas ist die niedrige Produktivität. Zwar beschäftigt der Agrarsektor durchschnittlich 40% der Bevölkerung, er trägt jedoch gerade einmal mit 20 % zum Bruttoinlandsprodukt bei, was die niedrige Produktivität nur zu gut verdeutlicht. Obwohl der Anteil der Landwirtschaft tendenziell rückläufig ist, stellt sie noch immer die wichtigste Devisenquelle und Lateinamerika ist hochgradig abhängig vom Weltmarkt. Produktivitätssteigerungen, wie sie von 1950 bis 1980 in Wachstumsraten von durchschnittlich 3,3% pro Jahr zu erkennen sind, lassen sich nicht auf erhöhte Produktivität, sondern einzig und allein auf mehr bewirtschaftetes Land zurückführen. Die überwiegend extensive Bewirtschaftung und die häufig fehlende Bereitschaft zu technischem Fortschritt tragen ihren Teil zur Stagnation der Produktionszahlen bei. Der einzige Grund dafür, die Produktivität zu erhöhen, ist der Export, und so werden mehr Exportgüter angebaut, worunter aber der Anbau der Grundnahrungsmittel zu leiden hat. Das wiederum hat eine verschärfte Situation auf dem Binnenmarkt zufolge, da zuwenig Grundnahrungsmittel vorhanden sind, die nun wieder importiert werden müssen (z.B. Getreide), dadurch wird die Handels- und Zahlungsbilanz unnötig belastet (vgl. BREUER 1990, S.41ff).

## 5  Soziale und ökologische Probleme

Abgesehen von den oben genannten wirtschaftlichen gibt es auch eine Anzahl an sozialen und ökologischen Problemen in Lateinamerika, die meist eng mit den wirtschaftlichen verknüpft sind und auf die eine Agrarreform auch Einfluss nehmen würde.

### 5.1 Soziale Probleme

1988 lebten laut FAO mehr als 79 Millionen Bauern in Lateinamerika - das ist mehr als die Hälfte der Landbevölkerung - in bitterer Armut, obschon die Hektarerträge gestiegen waren. Die Versorgung auf dem Land mit Bildung oder Ärzten ist sehr schlecht, was eine hohe

Abwanderung in die Städte zur Folge hat. Diese Landflucht kann aber auf Dauer jedoch keine Abhilfe schaffen, da sich auch die Lage in den Städten zunehmend verschlechtert. Das größte soziale Problem Lateinamerikas ist das Bevölkerungswachstum, durch das enormen Druck auf den Boden ausgeübt wird. Zudem sorgt der wirtschaftliche und soziale Dualismus und die enorme Eigentumskonzentration sowie die zunehmende Armut für Unruhen in der ländlichen Bevölkerung. Durch die Realteilung werden die Parzellen der Minifundien nach und nach zu klein, um noch eine Nahrungsgrundlage bieten zu können, die Subsistenzwirtschaft verschwindet und die Anzahl der Tagelöhner steigt an, so arbeiten inzwischen 60 % der Bevölkerung haupt- oder nebenberuflich als Lohnarbeiter. Der krasse Gegensatz zwischen Arm und Reich, der zunehmende Hunger sowie auch Aktionen wie die Vertreibung und Liquidierung der Ureinwohner im Regenwald am Amazonas bieten genug Zündstoff für eine Aufruhr der Landbevölkerung. Um dem entgegenzuwirken und der Bevölkerung echte Hilfe zu bieten, ist es nötig Agrarreformen zu planen und auch umsetzen (vgl. WALDMANN 1990, S.24f); Zweitbeleg: (vgl. BREUER 1990, S.42ff).

## 5.2 Ökologische Probleme

Die Ausnutzung und Ausbeutung der Naturressourcen durch die extensive Landwirtschaft ist eines der größten ökologischen Probleme Lateinamerikas. Aber nicht nur Lateinamerika, auch die gesamte Welt wird betroffen sein von den Auswirkungen der Abholzungen des tropischen Regenwaldes, die betrieben wird, um neue Weideflächen zu schaffen. 1986 waren bereits 1/ 5 der Waldflächen zerstört, alleine im Jahr 1988 wurden 12,1 Mio. ha Vegetation abgebrannt. Die Ausweitung der Monostrukturen wie Kakao und Kaffee bewirken eine schnelle Erschöpfung des Bodens, daraufhin ziehen die Plantagen einfach weiter und nutzen somit eine enorme Bodenfläche aus. Der landschaftszerstörende Bergbau trägt ein Weiteres zu den ökologischen Problemen bei, aber das Hauptproblem ist und bleibt weiterhin die Zerstörung des Regenwaldes. Die daraus direkt vor Ort entstehenden Schäden wie Bodenerosion und Klimabeeinträchtigung und die globalen, noch nicht im gesamten Ausmaß abzusehenden Schäden, stellen nicht nur die lateinamerikanischen, sondern auch die gesamte Staaten der Welt vor ein riesiges Problem, das so schnell wie möglich angegangen werden muss (vgl. BREUER 1990, S.51).

# 6. Grundlagen von Agrarreformen

<u>Definition:</u> Eine Agrarreform ist ein Komplex agrarpolitischer und agrarrechtlicher Maßnahmen, deren Ziele die Förderung des Wohlstandes der Landbevölkerung und der Erzeugnissteigerung der Landwirtschaft sind.

Da die meisten Entwicklungsländer agrarisch geprägt sind und ein Grossteil der Bevölkerung auf dem Land lebt, muss die wirtschaftliche Entwicklung von der Landwirtschaft ausgehen. Durch die momentane Agrar- und Gesellschaftsordnung wird diese Entwicklung jedoch behindert, so dass man bereits hier ansetzen muss, wenn man sowohl das Einkommen der ländlichen Bevölkerung als auch die wirtschaftliche Produktivität steigern will. Die Rolle des Staates in dieser Frage hat sich in den letzten Jahrzehnten grundlegend geändert: waren früher konservative Eliten an der Macht strikt gegen die Umverteilung des Bodens, so kommen heute die Hauptimpulse dazu vom Staat. Diese Entwicklung entspricht den Forderungen an den Staat, zur Besserung der Absatzlage beizutragen (vgl. KUHNEN 1967, S.327ff).

## 6.1 Ziele

Die Ziele der Agrarreform beginnen immer mit der Änderung der Eigentums- und Besitzrechte am Boden, da dies die Grundlage ist für ein Aufbrechen der Gesellschaftsstrukturen und der Neubeginn für weitergehende Änderungen. Das weitere Ziel müssen die Änderungen der Einkommensverteilung, des sozialen Status der Großgrundbesitzer und der sich daraus ergebenden Machtstrukturen sein (vgl. BARTH 1988, S. 30f).

Diese Ziele können zwar der benachteiligten Bevölkerung Hilfe bringen, tragen aber kaum zur wirtschaftlichen Entwicklung bei. So wird deutlich, dass eine reine Bodenreform unbefriedigend ist, wenn nicht auch die Produktionssteigerungen berücksichtigt werden.

Erweitert man nun das politisch- soziale Konzept der Bodenreform um Maßnahmen, die die Art der Bewirtschaftung verbessern, so erhält man eine Agrarreform. Das Problem dabei ist die Ähnlichkeit mit der reinen Agrarpolitik, so könnten durch einige produktionssteigernde Maßnahmen die eigentlichen Ziele der Agrarreform verwässert werden (vgl. KUHNEN 1967, S. 329).

## 6.2 Maßnahmen/Mittel

Eine entwicklungspolitisch erfolgreiche Agrarreform setzt voraus, dass die dem jeweiligen Entwicklungsstadium angemessenen Reformmaßnahmen angewandt werden. Natürlich werden die unterschiedlichen Maßnahmen in den verschiedenen Ländern teilweise mit anderen Höchstgrenzen oder Rechten umgesetzt, das grobe Grundgerüst ist aber immer das gleiche. Neben dem Bereitstellen und der kombinierten und ineinandergreifenden Anwendung der Maßnahmen gilt es auch, darauf zu achten, dass die Neubauern davon Gebrauch machen, da es sich gezeigt hat, dass diese meist am Anfang mit einer geringen Verbesserung ihrer Lebenssituation schon zufrieden waren. Da dies aber nur eine Stagnation auf höherer Ebene ohne Dynamik bedeuten würde, ist es notwendig, die Einstellung der Bevölkerung ebenfalls zu verändern und sie zu motivieren (vgl. KUHNEN 1967, S.343f).

### 6.2.1 Bodenbesitzreform

Die Bodenbesitzreform setzt sich aus zwei Teilen zusammen : der Beschaffung des zu vergebenden Bodens und die Verteilung an die Neubauern. Die **Beschaffung** kann durch Landschenkung, freiwilligen Verkauf oder –das ist die häufigste Methode- durch Enteignung geschehen. Bei der Enteignung werden in einigen Ländern den Großgrundbesitzern sämtliche Ländereien genommen, meist wird jedoch eine Obergrenze der Fläche festgelegt, die eine einzelne Person besitzen darf, alles darüber hinaus gehende wird enteignet und darf auch durch Neukauf nicht wieder dazu erworben werden. Da durch diese Regelung auch die Einkommensmöglichkeit in der Landwirtschaft nach oben hin begrenzt wird, besteht die Gefahr der Landflucht der qualifizierten Landwirte und Großgrundbesitzer.

Nach der Beschaffung gilt es nun, dass **Land neu zu verteilen**, wobei es zwei grundlegende Möglichkeiten gibt : zum Einen die Abgabe an Einzelpersonen bzw. Familien oder zum Anderen – in eher sozialistisch regierten Ländern- die Kollektivierung der Landwirtschaft. Hierbei wird das Land einer Gruppe oder Genossenschaft zugesprochen und einzelne Bauern bekommen ein vererbbares Nutzungsrecht für ein bestimmtes Stück Land. Bei der Auswahl der Neubauern gelten auch in unterschiedliche Kriterien, so bekommen in einigen Ländern grundsätzlich alle Personen Land, meist gibt es aber – bei zuwenig zu verteilendem Land- eine Präferenzskala, nach der das Land vergeben wird. An erster Stelle dieser Skala stehen immer die ehemaligen Pächter des Landes, die den Boden schon vor der Reform bearbeitet hatten. Direkt danach werden alle anderen den Boden bearbeitenden Personen beachtet, gefolgt von Ortsansässigen mit großen Familien. Zum Schluss folgen alle übrigen Ortsansässigen bzw. andere Kandidaten. Die Größe des verteilten Landes liegt meist über dem Durchschnitt der Betriebsgrößen der jeweiligen Länder, es gibt auch Fälle, in denen neben der Höchstzahl eine Minimalgröße für die Flächen festgelegt wird, die nicht unterschritten werden darf. Diese Regelung ist sehr sinnvoll, da sie der Realteilung Einhalt gebietet, die anderenfalls aus den gerade verteilten Parzellen nach und nach wieder Minifundien machen und die gerade aufgebauten Existenzen zerstören würde.

Die **Rechte** der Neubauern sind meist beschränkt, oft ist das Land dauerhaft unveräußerlich, kann aber vererbt werden, während die Landkosten abbezahlt werden. Hin und wieder ist Selbstbewirtschaftung vorgeschrieben, um dem Entstehen eines neuen Pachtsystems Einhalt zu gebieten. Oft hat auch der Staat die Kontrolle über den Verkauf des Landes, so besitzt er Vorkaufsrecht und kann zudem den Verkauf des Landes ablehnen, wenn ihm der Kaufinteressent nicht behagt. Dieses begrenzte Eigentumsrecht hat den Nachteil, dass es den Bauern erschwert, Kredite aufzunehmen.

Eine **Entschädigung** des Enteigneten ist – außer in sozialistischen Ländern- üblich, zumindest gibt es eine schriftliche Erklärung darüber, wenn diese auch nicht immer eingehalten wird. Prinzipiell ist es schwer, die Höhe der Entschädigung festzulegen, da es meist keinen Bodenmarkt gegeben hat und falls doch einer existierte, so waren die Preise meist absolut überteuert. So steht die Höhe der Entschädigung meist in direktem Zusammenhang mit dem Kaufpreis, den der Neubauer bezahlen muss. Dies geschieht meist in 10 bis 14 Jahresraten, wobei die Raten aber genügend große Summen darstellen müssen, damit sie nicht nur konsumiert, sondern auch reinvestiert werden. In Kolumbien wurden die Böden auch kostenlos übergeben, ein Verkauf aber stärkt das Legalitätsgefühl der Neubauern. Die administrativen Kosten übernimmt meist der Staat, in manchen Fällen auch anteilig die Neubauern (vgl. KUHNEN 1967, S. 331ff).

### 6.2.2 Bodenbewirtschaftungsreform

Das Ziel der Bodenbewirtschaftungsreform ist es, die, neben Eigentums- und Besitzstruktur, gegebenen Hemmnisse für eine fortschrittliche Landbewirtschaftung zu beseitigen. Dies wird durch verschiedene Maßnahmen versucht, zu erreichen. Zum Einen wird viel Wert auf Bildung und Ausbildung gelegt, da ohne technische Unterweisung der Neubauern weder deren Lebensstandard noch die Produktivität gesteigert werden kann. Zum Anderen werden den Neubauern neben der technischen Unterweisung auch Kenntnisse über die Böden, das Klima und neue Nutzpflanzen vermittelt, zudem erfolgt eine Beratung zur Betriebsleitung- und organisation. Mit dieser Ausbildung sollen die Bauern auf den Übergang von der Subsistenzwirtschaft zur Marktproduktion vorbereitet werden, dazu werden sie auch in Bezug auf den Markt und den Absatz beraten. Als weitere Anforderung an den Staat folgt die Organisation des Kreditwesens, da unmittelbar nach der Reform ein hoher Kreditbedarf besteht für die neu anzuschaffenden Betriebsmittel, Ställe etc.. Zudem muss auch gegebenenfalls eine Flurbereinigung und Aufstockung der Minifundien vorgenommen werden. Oft sind die Böden durch die Realteilung so stark parzelliert, dass sie nicht mit Motoren bearbeitet werden können, was einer Modernisierung entgegen stehen würde. Durch

Zusammenfassung von mehreren kleinen Parzellen und Verhütungsmaßnahmen, die eine erneute Aufsplitterung vermeiden, kann dem entgegen gewirkt werden (vgl. KUHNEN 1967, S.341ff).

### 6.2.3 Pachtreform

In Ländern wie Bolivien und Venezuela wurde das Pachtwesen komplett aufgelöst, alles indirekt bewirtschaftete Land enteignet und den bisherigen Pächtern gegeben. Meist wird jedoch nur an eine Verbesserung des Pachtwesens gedacht, so sollen die vagen mündlichen Absprachen in schriftliche Verträge mit Registrierung umgewandelt werden. Darin enthalten muss auch eine Mindestpachtzeit sein, die jedoch von Land zu Land verschieden angesetzt wird, auf jeden Fall beträgt sie mindestens drei oder fünf Jahre (vgl. KUHNEN 1967, S.338f).

### 6.2.4 Steuerpolitische Maßnahmen

Steuerpolitische Maßnahmen alleine wären zu schwach, um eine Agrarreform zu ersetzen, als Begünstigung zusätzlich zu der Reform allerdings sind sie sinnvoll und wichtig. Zum Vorantreiben der Auflösung größerer Besitztümer werden z.b. zusätzliche Steuern auf große Flächen erhoben (Brasilien), zudem Zuschläge für Eigentümer, die nicht auf ihrem Land leben (Kolumbien) oder Steuern für kultivierbares, aber ungenutztes Land gefordert. Kleinstbetriebe werden steuerlich begünstigt (Puerto Rico, Brasilien) oder für eine Bodenverbesserung werden Steuersenkungen versprochen, außerdem sind die Genossenschaften meist ganz steuerbefreit. Am günstigsten ist eine Steuerreform, die mit der Agrarreform einhergeht, da der Staat einen Teil des erhöhten Einkommens wegsteuern muss zur Kapitalakkumulation und der nachfolgenden Investition in die Industrialisierung (vgl. KUHNEN 1967, S.344f) .

### 6.3 Auswirkungen

Als erste Auswirkung von Agrarreformen ist der Aufbruch erstarrter Gesellschaftsstrukturen zu erkennen. Zwar entsteht nicht sofort eine Demokratie, sondern oft eine andere Art der Abhängigkeit, aber durch geeignete Lenksysteme sollte es möglich sein, dies zu verhindern. Kurzfristig werden Exportausfälle auftreten, da die Neubauern zuerst für den Eigenkonsum produzieren werden, man kann dies aber hinnehmen mit dem Gedanken, dass sie sich damit stärken und in sich und ihre Gesundheit investieren, um später auch die Produktivität erhöhen zu können. Zudem macht der verringerte Importbedarf die Exportausfälle mehr als wett und langfristig wird sich eine Produktionserhöhung einstellen. Oft wechseln auch die Produktionsrichtungen von Acker zu Vieh und Mono- zu Gemischtkulturen. Somit ändern sich auf Dauer auch die Einkommensverhältnisse, ein Distributionseffekt setzt ein. Wenn dann aufgrund der Investition in den industriellen Sektor sich auch die nichtlandwirtschaftlichen Wirtschaftzweige entwickeln muss, die Effizienz der Landwirtschaft durch neue Verfahren und Forschung vergrößert und ein strafferes Steuersystem eingeführt werden. So werden sich nach und nach Landwirtschaft und Industrie ergänzen und überschüssige Arbeitskräfte aus der Landwirtschaft werden im Industriesektor Arbeit finden können (vgl. KUHNEN 1967, S.345ff).

## 6.4 Probleme

Natürlich haben auch Agrarreformen Vor- und Nachteile, die Nachteile werden im Folgenden kurz aufgeführt. Das größte Problem, das entstehen kann, ist das der erneuten Abhängigkeit, dieses Mal allerdings von Kreditgebern oder Institutionen, dem muss der Staat mit einer gelenkten Politik entgegentreten. Zudem muss er neue Transport- und Verkehrswege schaffen, sich um die Kapitalakkumulation kümmern und die Neubauern zur Exportproduktion motivieren. Meist bekommen auch nicht alle Personen Land, so dass für diese Beschäftigungsmaßnahmen (z.B. im Neubau der Verkehrswege und später in der Industrie) geschaffen werden müssen. Die Agrarreform ist somit eine komplexe Problematik, die ein hohes Maß an technischen und organisatorischen Fähigkeiten sowie politische Grundsatzentscheidungen fordert (vgl. KUHNEN 1967, S.350f).

# 7. Geschichte / Wurzeln der Agrarreform

Bereits im 18. Jahrhundert wurden Indiorevolten in Peru verzeichnet, sie stellten nur das erste Anzeichen für das Aufbegehren der ländlichen Bevölkerung dar .

## 7.1 Geschichte der Agrarreformen

Seit dem Zweiten Weltkrieg gab es zwei Phasen der ländlichen Mobilisierung und Revolutionen : Die erste Phase erstreckt sich auf den Zeitraum von **1950 bis 1965**.

In dieser Zeit war ein spürbares Anschwellen der ländlichen Protestbereitschaft zu spüren, lokale Erhebungen und militante Aktionen in Bolivien und auf Kuba fanden statt. In Peru und Brasilien protestierten militante Bauerngewerkschaften und in Kolumbien kam es zu blutigen Konflikten. Diese ganzen Aufstände wurden hauptsächlich von Kleinbauern initiiert, die durch die Modernisierung in Bedrängnis geraten waren. Da zudem auch noch Steuren, Pachtpreise und sonstige Ausgaben stiegen, war das traditionelle soziale Gleichgewicht erschüttert, die protestierenden Bauern konnten zudem mit Sympathie von Seiten der städtischen Mittelschicht rechnen.

Die **zweite Phase** begann **1965** und dauert **bis heute** an: Die Unternehmer organisierten sich besser, bekamen mehr Einfluss auf politische Entscheidungen und Mittel- und Grossbetriebe wandelten sich im Sinne des Agrobusiness. Ärmere Landarbeiter wurden zu Lohnarbeitern und konkurrierten so um Arbeitsplätze, damit war die Solidarität geschwächt, zudem zeigte auch die städtische Mittelschicht kein Interesse mehr an den Problemen der Landbevölkerung. So hat heute – auch bedingt durch Verstädterung, Industrialisierung und sozioökonomischem Wandel auf dem Land – der Protestdruck nachgelassen, allerdings werden die Probleme seit den 70er Jahren in der Öffentlichkeit diskutiert (vgl. WALDMANN 1990, S. 29).

### 7.2.Beispiel Nicaragua

In Nicaragua, wo die Hälfte der Erwerbstätigen in der Landwirtschaft beschäftigt ist, wurden seit 1979 Änderungen im agrarökonomischen Bereich vorgenommen. Die Leitmotive der Agrarreform waren die Umlenkung der Ressourcennutzungspolitik von den Anforderungen des Weltmarktes auf die Grundbedarfsversorgung der inländischen Bevölkerung und die Verbreitung, Intensivierung und Differenzierung der Anbauprodukte und der Infrastruktur. Als einziges Land hat Nicaragua auch schon sehr früh erkannt, dass die ökologische Dimension ebenfalls mit einbezogen werden muss und hat so im ersten Reformprogramm von 1978 Ansätze dazu integriert. Während der ersten Stufe der Agrarreform von 1979 bis 1981 wurden die entwicklungspolitischen Instrumente konsolidiert und Rahmenbedingungen geschaffen. Da diese Maßnahmen jedoch, aufgrund der fehlenden Quantität sowie Qualität der Böden, keinerlei Verbesserung einleiteten, griff 1982 die zweite Stufe. Diese dauerte bis 1984 und hatte das Hauptziel, die Genossenschaften zu fördern, was bedingt gelang. Bis zu diesem Zeitpunkt war eine neue Besitzaufteilung des Landes nicht vorgesehen, um die Bildung von zusätzlichen Minifundien zu verhindern. Zudem unterstellte die Regierung den Großgrundbesitzern das Ziel, durch Produktivitätssteigerung zur nationalen, wirtschaftlichen Entwicklung beitragen zu wollen, und wollte dies fördern.

So kam nur schleppend eine Bodenreform in Gang, Böden konnten nur dann enteignet werden, wenn das gesamte Eigentum – je nach Landstrich- mehr als 350 bzw. 700 ha groß war. Zudem musste es verlassen oder zwei Jahre nicht mehr bearbeitet worden sein, oder zu mindestens 25% brach liegen. Kleinbauern konnten dann die Enteignung beantragen, nach einer eingehenden Prüfung und Entschädigung des ehemaligen Eigentümers, sowie Begutachtung des Landes mit dementsprechend folgender Nutzungsfestlegung, wurde eine neue Besitzurkunde ausgestellt. Das Land ist zwar dann vererbbar, jedoch nicht teilbar und unverkäuflich, zudem wird persönlicher Arbeitseinsatz des Besitzers gefordert und die Nutzung im Rahmen eines Nutzungsplanes des Landwirtschaftministeriums vorgegeben. Aufgrund des Protestes und Drohungen von Seiten der Rindviehzüchter und der Baumwollproduzenten, sich aus Nicaragua zurückzuziehen, sowie angesichts der Tatsache, dass auch die Staatsbetriebe nur begrenzt leistungsfähig sind, überlegt die Regierung, Genossenschaften zu gründen. Zur Steigerung des Bodenpotentials wurde die Regelung, die die Größe von 350 bzw. 700 ha betrifft, aus dem Gesetz gestrichen, so dass nun jeder Boden enteignet werden kann. Außerdem griff zu diesem Zeitpunkt auch die dritte Phase der Reform, die eine beschleunigte Landvergabe an Kleinbauern und die Bevorzugung von privaten Familienbetrieben vorsah. So verbesserte sich der Lebensstandard und sogar Probleme wie Kreditsperren, Handelsembargos und Exportpreisverfall konnte die Regierung in den Griff bekommen, bis der Krieg begann. Zwar sind die Hektarerträge seitdem zumindest nicht unter das Vorrevolutionsniveau gefallen, aber die Arbeitsproduktivität hat extrem nachgelassen (z.B. beim Kaffeeanbau um 60%) und der Staat nutzt Gelder eher für militärische Zwecke, anstatt sie in die Agrarreform zu investieren. Die verquere Lage in Nicaragua und die vielen verschiedenen Faktoren erschweren die Beurteilung der Agrarreform. Zwar kann zu ihren Gunsten gesagt werden, dass sie – an den Hauptzielen zu erkennen- gute soziale wie auch ökologische Ziele aufweist, die Umsetzung allerdings lässt zu wünschen übrig. Anstatt geplant mit einer Bodenreform zu beginnen, um die alten Strukturen zu lockern, scheint es sich bei der Agrarreform in Nicaragua immer nur um kleine Teilschritte und Verbesserungen zu handeln, das Gesamtkonzept ist nicht klar genug und das Ergebnis dementsprechend (vgl. THIELEN 1988, S.42ff); Zweitbeleg: (vgl. KÜHN 1985, S.42ff).

### 7.3 Beispiel Mexiko

Die mexikanische Revolution 1910 unter dem Aufruf `Land und Freiheit´ forderte die Rückgabe des Landes an die Bauern und löste somit die Agrarreform aus. Diese begann 1916 und ist bis heute noch nicht abgeschlossen, was die Komplexität und den ungemeinen Umfang eines solchen Prozesses erahnen lässt.

Die Agrarreform in Mexiko begann mit einer umfassenden Bodenreform, so wurde alles Land Eigentum des Staates, der es wiederum an ländliche Gemeinden, die sogenannten Ejidos, weitergab. Zu beachten ist, dass es keine Abgabe von Land an Einzelpersonen gab, sondern durch die kommunalen Landbesitze eine Kollektivierung im Agrarwesens erfolgte. Das Land gehörte also den Ejidos, die Bauern, die es bearbeiteten – die Ejidatarios- erhielten aber ein vererbbares Nutzungsrecht für ein Stück Land. Der Umfang der Parzellen war so konzipiert, dass das Einkommen das Doppelte dessen betrug, was ein örtlicher Tagelöhner erhielt. Auf diese Weise wurden alleine bis 1952 schon 36 Mio. ha Land an Ejidos verteilt. Durch die Trennung von Eigentums- und Nutzungsrecht sollte ein Missbrauch verhindert werden, was auch durchaus Erfolg hatte. Allerdings gab es mit dieser Regelung Schwierigkeiten im

Kreditsektor, da die Ländereien nicht belastbar waren. Man kann auch sagen, dass die grundlegende Änderung der Besitzverhältnisse zwar geglückt ist, die Bewirtschaftung allerdings konnte bisher nicht ausreichend verändert werden. Das liegt zum Einen daran, dass – wie sich im Laufe der Zeit herausstellte- die Parzellen doch häufig zu klein waren, um damit befriedigende Einkünfte erzielen zu können. Zum Anderen wurde es verpasst, mit Beratung und Ausbildung dem niedrigen Bildungsniveau der mexikanischen Landbevölkerung entgegenzuwirken, wofür es allerdings noch nicht zu spät ist. Abschließend ist zu sagen, dass die mexikanische Agrarreform eine der erfolgreichsten in Lateinamerika ist, da sie es geschafft hat, die erstarrten Gesellschaftsstrukturen aufzubrechen und zugleich eine wesentliche Voraussetzung für die vor sich gehende wirtschaftliche Entwicklung zu schaffen (vgl. KUHNEN 1967, S. 355ff).

## 8   Fazit / Ausblick

Zwar ist der überwiegende Teil der Agrarreformen in Lateinamerika an zu hoch gesteckten Zielen oder politischen Gegenkräften gescheitert, an positiven Beispielen wie Mexiko oder Peru ist jedoch erkennbar, dass es nicht unmöglich ist, eine Agrarreform durchzusetzen. Die bisherigen, unzureichenden oder gar unterlassenen Versuche von Agrarreformen haben vielerorts jedoch verhindert, dass eine ökonomisch festgefügte klein- bis mittelbäuerische Agrarstruktur entstehen konnte. Diese Entwicklung, verbunden mit dem schnellen Anwachsen der Bevölkerung, wird zur sozialen Mobilisierung der abhängigen ländlichen Bevölkerung führen, wenn man sich nicht umgehend für sie einsetzt. Die Chancen einer Agrarreform sind zudem heute durchaus günstiger als damals, da inzwischen der Agrarsektor durch das Wachstum der Industrie von den gesamtwirtschaftlichen Aufgaben entlastet wird, was aber nicht dazu führen darf, die Probleme des Agrarsektors zu ignorieren. Eine umfassende Reform, die sowohl die sozialen und wirtschaftlichen als auch die ökologischen Probleme angeht, ist hier gefordert und sollte auch von den westlichen Industrienationen intensiv unterstützt und gefördert werden.

## 📖 Literatur:

BARTH, Detlef (1988): Brasiliens Verfassung und die Agrarreform.-(Aspekte der Brasilienkunde, 19), Mettingen

BREUER, Siegfried (1990): Die Agrarstruktur Lateinamerikas im Überblick.- In: Geographische Berichte 134, H. 1/1990, S. 39-52

HEIMPEL, Christian (1983): Agrarreform in Lateinamerika.- In: Quaterly Journal of International Agriculture, Vol 22, No.3, S. 263-278

KÜHN, Wolfram (1985): Agrarreform und Agrarkooperativen in Nicaragua.-(Spektrum; Bd.6), Saarbrücken

KUHNEN, Frithjof (1967): Struktur- und Leistungsverbesserung in der Landwirtschaft-Agrarreformen.- In: von Blanckenburg, Peter; Cremer, Hans-Diedrich (Hrsg. 1967): Die Landwirtschaft in der wirtschaftlichen Entwicklung- Ernährungsverhältnisse.- ( Handbuch der Landwirtschaft und Ernährung in den Entwicklungsländern, Band 1), Stuttgart, S. 327-395

THIELEN, Helmut (1988): Nicaraguas Agrarreform zwischen Ökonomie und Ökologie.- In: Geographische Rundschau 40, H.2, S. 42-48

WALDMANN, Peter (1990): Der Agrarsektor .- In: Informationen zur politischen Bildung, H.226, S. 24-31